全国中等职业学校
全 国 技 工 院 校 培养复合型技能人才系列

车工知识与技能（初级）习题册

孙喜兵　主编

中国劳动社会保障出版社

简介

本习题册为全国中等职业学校、全国技工院校培养复合型技能人才系列教材《车工知识与技能（初级）》的配套习题册。本习题册紧扣教学要求，按照单元顺序编排，知识点分布均衡，题型丰富多样，难易配置适当，有助于学生复习巩固所学知识。

本习题册由孙喜兵任主编，徐小燕、魏小兵、陈惠忠、吴重耳参加编写；孔凡宝任主审。

图书在版编目(CIP)数据

车工知识与技能（初级）习题册 / 孙喜兵主编．--北京：中国劳动社会保障出版社，2022
全国中等职业学校 / 全国技工院校培养复合型技能人才系列
ISBN 978-7-5167-5586-0

Ⅰ．①车… Ⅱ．①孙… Ⅲ．①车削 - 中等专业学校 - 习题集 Ⅳ．①TG510.6-44

中国版本图书馆 CIP 数据核字(2022)第 170078 号

中国劳动社会保障出版社出版发行
（北京市惠新东街 1 号 邮政编码：100029）
*
保定市中画美凯印刷有限公司印刷装订 新华书店经销
787 毫米 ×1092 毫米 16 开本 3.5 印张 79 千字
2022 年 12 月第 1 版 2022 年 12 月第 1 次印刷
定价：7.50 元

营销中心电话：400-606-6496
出版社网址：http://www.class.com.cn
http://jg.class.com.cn

目　录

第一单元　车削的基本知识和基本技能

课题一　车削的基本知识

一、填空题（将正确答案填写在横线上）

1．在各类金属切削机床中，车床是应用最多、最广泛的一种机床，在一般机械加工车间的机床配置中，车床约占________。

2．车削加工的范围很广，其基本内容包括________、________、________、________、________、________、________、________、________、________、________和________等。

3．车削加工就是在车床上利用________运动和________运动（或________运动）来改变毛坯的________和________，将毛坯加工成________的工件。

4．进给箱是进给传动系统的变速机构，它把________传递过来的运动经过变速后传递给________，以车削各种螺纹；传递给光杠，以实现机动进给。

5．床身是车床上精度要求很高、带有________导轨和________导轨的一个大型________部件，用于支承和连接车床的各部件，并保证各部件在工作时有准确的________。

二、判断题（正确的打“√”，错误的打“×”）

1．车工在生产车间可以随意走动，不用考虑区域的划分。（　　）

2．普通卧式车床是一种小型机床，适用于大批量轴类、盘类工件的加工。（　　）

3．CA6140 型卧式车床床身上最大回转直径为 400 mm。（　　）

4．车间工具箱内的物品可根据个人的喜好任意摆放。（　　）

5．数控车床能够通过程序控制自动完成内外圆柱面、圆锥面、圆弧面、螺纹等工序的切削加工。（　　）

6．车床溜板箱把交换齿轮箱传递过来的运动经过变速后传递给丝杠或光杠。（　　）

三、选择题（将正确答案的代号填入括号内）

1．进入车间后不符合要求的行为是（　　）。

A．进入实训车间应仔细阅读车间安全操作规程，按照操作规程要求进行生产和训练

B．戴手套操作机床既可以避免弄脏手，还可以在冬天保暖以及防止工件过热而烫伤手

C．女工不能穿裙子、凉鞋、高跟鞋等进入车间

D．进入实训车间应穿好工作服、工作鞋（劳保鞋），女工戴好工作帽

2．下列选项中不符合文明生产要求的是（　　）。

A．毛坯、半成品和成品的放置应根据机床周围的面积大小来布置，尽量做到不浪费空间

B．图样、工艺卡片应放置在便于阅读的位置，并注意保持其清洁和完整

C．工作地周围应保持清洁、整齐，避免堆放杂物，防止绊倒

D．量具应经常保持清洁，用后应擦净，涂油，放入盒内，并及时归还工具室

3．车床（　　）接受光杠或丝杠传递的运动。

A．溜板箱　　B．主轴箱　　C．交换齿轮箱　　D．进给箱

四、问答题

1．简述卧式车床的主要组成部分。

2．主轴箱、进给箱和溜板箱各有什么用途？

课题二　车床的基本操作

一、填空题（将正确答案填写在横线上）

1．刀架部分由________________、________与____________共同组成，它用于安装车刀并带动车刀做________、________或斜向运动。

2．CA6140型卧式车床主轴的变速通过改变主轴箱正面________侧两个叠套手柄的位置来控制。外层的弯短手柄在圆周上有________个挡位，每个挡位都有用________种颜色标志的________级转速；里层的长手柄除有________个空挡外，还有由________种颜色标志的________个挡位。

3．CA6140型卧式车床的润滑方式包括___________________、___________________、________________________、________________________________、___________________、________________________。

4．________________润滑常用于外露的滑动表面，如床身导轨面和滑板导轨面等，一般用________进行浇注。

5．尾座和中滑板上摇动手柄的轴承处采用的润滑方式是________________________。

二、判断题（正确的打"√"，错误的打"×"）

1．不准戴手套操作车床或测量工件。　（　　）

2．弹子油杯润滑常用于密闭的车床箱体中。　（　　）

3．油泵循环润滑常用于转速高、需要大量润滑油连续强制润滑的场合。　（　　）

4．每班要求保养车床床身、中滑板、小滑板三个导轨面，进行转动部位的清理及润滑。　（　　）

5．床鞍上的红色停止按钮也是紧急停止按钮。　（　　）

6．主轴变换转速时不用停车，可以直接操作。　（　　）

三、选择题（将正确答案的代号填入括号内）

1．车床主轴箱正面左侧的加大螺距及左、右螺纹变换手柄的作用是变换（　　）。

A．加大螺距和正常螺距　　B．左旋螺纹和右旋螺纹

C．纵向进给和退出　　D．横向进给和退出

E．加大进给量和正常进给量

2．下列选项中对CA6140型卧式车床的叙述不正确的是（　　）。

A．车削时工件的旋转运动是主运动

B．车削时进给运动是机床的主要运动，它消耗机床的主要动力

C．进给箱右侧有里外叠装的两个手柄，前面的手柄有A、B、C、D共四个挡位，是丝杠、光杠变换手柄，后面的手柄有Ⅰ、Ⅱ、Ⅱ、Ⅳ共四个挡位

D．当刀架纵向快速移到离卡盘或尾座有一定距离时，应立即放开快速移动按钮，停止机动进给，以避免刀架因来不及停止而撞击卡盘或尾座

3．常用于交换齿轮箱挂轮架的中间轴或不便于经常润滑处的润滑方式是（　　）。

A．油绳导油润滑　B．油脂杯润滑　C．溅油润滑　D．油泵循环润滑

4．常用于进给箱和溜板箱油池中的润滑方式是（　　）。

A．油绳导油润滑　B．油脂杯润滑　C．溅油润滑　D．油泵循环润滑

5．车床上采用浇油润滑的部位是（　　）。

A．床身导轨面和滑板导轨面　B．主轴箱的油箱

C．进给箱和溜板箱的油池　D．丝杠、光杠、操纵杆支架的轴承处

四、问答题

1．简述启动车床的操作步骤。

2．简述进给箱的操作方法。

3．根据所学车床刻度盘的操作知识完成表 1–1。

表 1–1

要求移动的距离	使用的刻度盘	每格移动距离	手动进给时操作	机动进给时操作	刻度盘转过的格数
纵向进给并退出 150 mm					
横向进给并退出 14 mm					
纵向进给并退出 3.25 mm					

4．简述中滑板手动进给、机动进给和快速移动的操作方法。

5．CA6140 型卧式车床润滑系统标牌中的符号②、㊻分别表示什么含义？

6．CA6140 型卧式车床润滑系统标牌中的符号 $\frac{46}{7}$、$\frac{46}{50}$ 分别表示什么含义？

7．简述车床的日常维护、保养要求。

课题三　车刀的基本知识

一、填空题（将正确答案填写在横线上）

1. 为了测量车刀的角度，需要假想三个基本坐标平面，分别是________、________、________。

2. 车刀的切削部分由“三面两刃一尖”组成，即________、________、________、________、________、________。

3. 90° 车刀又称________，主要用来车削工件的________、________和________。

4. 车刀由________________和________两部分组成。________担负切削工作，故又称________；________用来把车刀装夹在刀架上。

5. 为了提高刀尖强度并延长刀具寿命，多将刀尖磨成具有曲线状切削刃的________刀尖或具有直线切削刃的________刀尖。

6. 装刀时必须使修光刃与________平行，且修光刃长度必须________进给量，才能起修光作用。

7. 45° 车刀有________个前面、________个主后面、________个副后面、________条主切削刃、________条副切削刃以及________个刀尖。

8. 副偏角一般采用 6° ~ 8°，精车时，如果在副切削刃上刃磨修光刃，则取副偏角 κ'_r=________，加工中间切入的工件表面时，应取 κ'_r=________________。

9. 当车刀刀尖位于主切削刃 S 的最低点时，λ_s ________ 0°。车削时，切屑排向工件的________表面，刀尖强度较________，适用于________车削场合。

10. 高速钢刀具常用于承受冲击力________的场合，特别适用于制造各种结构复杂的________刀具和________刀具，但是不能用于________切削。高速钢常用的有________和________两种类别。

11. 刃磨车刀的砂轮大多采用________砂轮，按其磨料不同，常用的砂轮有________砂轮和________砂轮两类。

12. 刃磨时，车刀应放在砂轮中心的________，刀尖略微上翘________；车刀接触砂轮后应匀速、缓慢做左右方向________移动；车刀离开砂轮时，刀尖需________，以免磨好的切削刃被砂轮碰伤。

13. 负倒棱的刃磨方法有________和________两种。为了保证切削刃的质量，最好采用________。

二、判断题（正确的打“√”，错误的打“×”）

1. 能用于车削工件外圆的车刀有 90° 车刀、75° 车刀和 45° 车刀。（　　）
2. 刀具上的主切削刃担负着主要的切削工作，在工件上加工出已加工表面。（　　）
3. 主切削刃和副切削刃交汇的一个点称为刀尖。（　　）

4．车刀切削刃可以是直线，也可以是曲线。（ ）

5．增大前角能增大切削变形，可省力。（ ）

6．在车刀切削部分的基本角度中，前角 γ_o、后角 α_o 和刃倾角 λ_s 没有正负值规定，但主偏角 κ_r 和副偏角 κ'_r 有正负值规定。（ ）

7．耐热性越好，车刀材料允许的切削速度越高。（ ）

8．硬质合金的缺点是韧性较差，承受不了大的冲击力。（ ）

9．高速钢车刀不仅用于承受冲击性较大的场合，也常用于高速切削。（ ）

10．粗磨车刀切削部分的副后面时，能同时磨出副偏角和副后角。（ ）

11．一般用砂轮端面磨削车刀前面。（ ）

12．刃磨高速钢车刀和硬质合金车刀的刀柄时采用绿色碳化硅砂轮。（ ）

13．刃磨断屑槽时的起点位置应该与刀尖、主切削刃离开一定距离，以防止主切削刃和刀尖被磨塌。（ ）

14．刃磨硬质合金车刀时应及时浸水冷却，以防止切削刃退火，致使硬度降低。（ ）

三、选择题（将正确答案的代号填入括号内）

1．主要用于车削工件外圆、端面和倒角的车刀是（ ）车刀。

A．90° B．75° C．45° D．圆头

2．对于车削，一般可认为（ ）是铅垂面。

A．基面和切削平面 B．基面和正交平面

C．基面 D．切削平面和正交平面

3．在基面内测量的基本角度是（ ）。

A．刀尖角 B．刃倾角 C．主后角 D．主偏角

4．加工台阶轴时车刀的主偏角应选（ ）。

A．45° B．60° C．75° D．等于或大于 90°

5．副偏角是在（ ）内测量的角度。

A．基面 B．副切削平面 C．副正交平面 D．切削平面

6．车削塑性大的材料时可选（ ）的前角。

A．较大 B．较小 C．0° D．负值

7．若使用高速钢车刀车削 45 钢的轴，前角应选（ ）。

A．1° ~ 5° B．5° ~ 8° C．10° ~ 15° D．20° ~ 25°

8．车刀主后角 α_o 一般选择（ ）。

A．1° ~ 2° B．–5° ~ 35° C．4° ~ 12° D．45° ~ 60°

9．车刀前面与切削平面间的夹角小于或等于 90° 时，前角为（ ）。

A．正值 B．0°

C．负值 D．负值或 0°

E．正值或 0°

10．刃倾角是（ ）与基面的夹角。

A．前面 B．切削平面 C．后面 D．主切削刃

11．（ ）是根据我国资源的实际情况而研制的刀具材料，其使用量将逐渐增多。

A．W18Cr4V　　B．W6Mo5Cr4V2
C．W9Cr4V2　　D．W9Mo3Cr4V

12．用 P10 硬质合金车刀车削中碳钢时的切削速度可达（　　）m/min 左右。

A．100　　B．220　　C．500　　D．1 000

13．（　　）硬质合金适用于加工钢或其他韧性较好的塑性金属，不宜用于加工脆性金属。

A．K 类　　B．P 类　　C．M 类　　D．P 类和 M 类

14．粗车铸铁时应选用代号为（　　）的硬质合金车刀。

A．K01　　B．K30　　C．P01　　D．P30

15．精车 45 钢台阶轴时应选用代号为（　　）的硬质合金车刀。

A．K01　　B．K30　　C．P01　　D．P30

16．断续车削塑性金属，精加工时选用的刀具材料代号为（　　）。

A．P01　　B．P30　　C．K01　　D．K30

17．精加工长切屑或短切屑的黑色金属和有色金属时，适用的刀具材料代号是（　　）。

A．K01　　B．P01　　C．M10　　D．M20

18．刃磨 90° 硬质合金焊接车刀，其刀柄部分可选用（　　）砂轮，粗磨车刀切削部分宜选用（　　）砂轮。

A．细油石　　B．白色氧化铝　　C．金刚石　　D．绿色碳化硅

19．手工刃磨的车刀还应用（　　）研磨其切削刃。

A．细油石　　B．白色氧化铝　　C．金刚石　　D．绿色碳化硅

四、名词解释

1．后面

2．切削平面

3．副偏角

五、问答题

1．车刀切削部分有哪些主要角度？

2．什么是车刀的主偏角？如何选择车刀的主偏角？

3．什么是车刀的前角？如何选择车刀的前角？

4．车刀切削部分的材料必须具备哪些基本性能？

5．如何鉴别砂轮？

6．刃磨车刀时，砂轮的选择原则是什么？

六、应用题

1．指出图 1–1 中车刀切削部分各几何要素的名称。

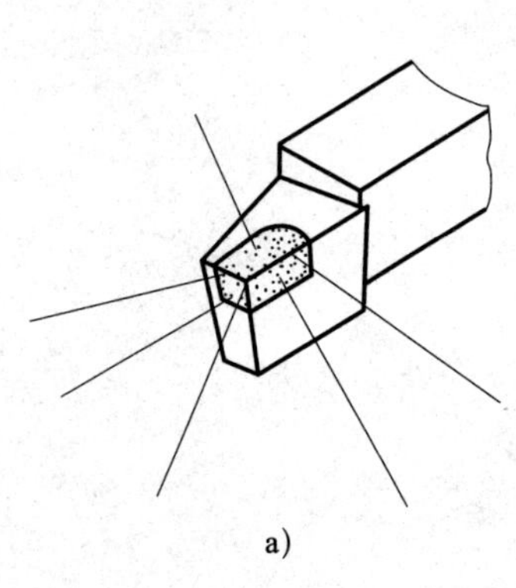

a)

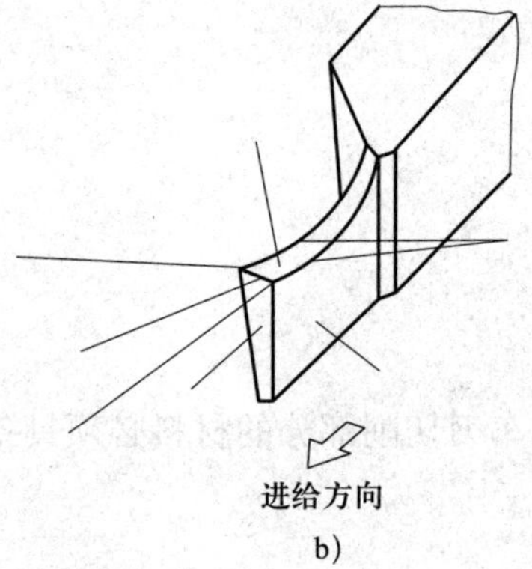

b)

图 1–1

2．用规定的刀具角度符号在图 1–2 中填写出该车刀的六个基本角度，并判断出测量车刀角度所在的基本坐标平面。

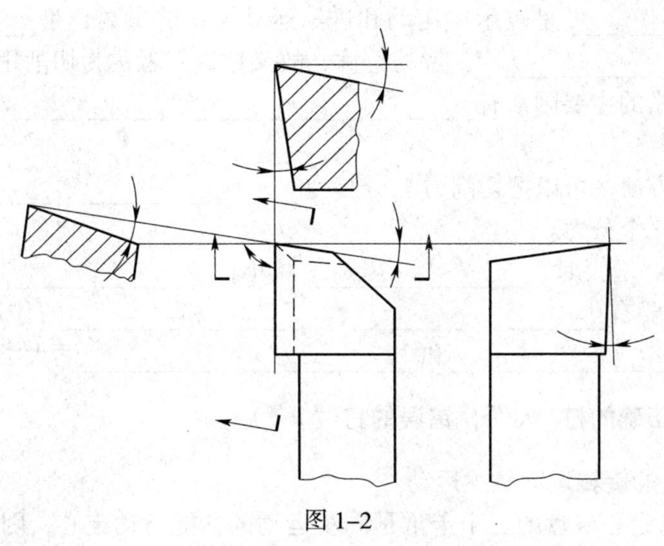

图 1–2

课题四　车 削 加 工

一、填空题（将正确答案填写在横线上）

1．车削时，为了切除多余的金属，必须使________和________产生相对的切削运动。

2．按其作用划分，车削运动可分为____________和________________两种。

3．在车削运动中，工件上会形成______________________、____________________和____________________三个表面。

4．三爪自定心卡盘的卡爪有正卡爪和反卡爪两种。正卡爪用于装夹外圆直径________和内孔直径________的工件；反卡爪用于装夹外圆直径________的工件。

5．三爪自定心卡盘的规格是卡盘直径，常用的有________mm、________mm、________mm三种。

6．车刀装夹在刀架上的伸出部分应尽量短，以提高其刚度。车刀伸出长度为刀柄厚度的________倍。

7．考虑到实际装夹时车刀刀柄中心线并不一定能绝对地平行或垂直于进给方向，但一定要保证车刀实际的主偏角 κ_r。如 90° 车刀一般粗车时需保证 κ_r=____________________，而精车时 κ_r=____________________________。

8．若车刀刀尖________工件轴线，会使车刀的实际________减小，车刀后面与工件之间的摩擦增大。若车刀刀尖________工件轴线，会使车刀的实际________减小，切削力增大。

9．车刀对中心的方法有＿＿＿＿＿＿＿、＿＿＿＿＿＿＿＿、＿＿＿＿＿＿＿＿＿＿＿＿、＿＿＿＿＿＿＿＿。

10．用刀架上的螺栓压紧车刀，每把车刀的压紧螺栓应不少于＿＿＿＿个，注意不要产生＿＿＿＿现象。

11．＿＿＿＿＿＿＿＿是表示主运动和进给运动大小的参数，是＿＿＿＿＿＿＿＿、＿＿＿＿＿＿和＿＿＿＿＿＿＿＿三者的总称，故又把这三者称为切削用量三要素。

12．影响断屑槽的主要因素有＿＿＿＿＿＿＿＿＿＿、＿＿＿＿＿＿＿＿＿＿＿＿＿和＿＿＿＿＿＿＿＿。

13．为了测量方便，可以把切削力 F 分解为＿＿＿＿＿＿＿＿、＿＿＿＿＿＿＿＿＿和＿＿＿＿＿＿＿＿三个分力。

14．当主偏角 κ_r 增大时，＿＿＿＿＿＿＿＿减小，＿＿＿＿＿＿＿＿增大。

15．切削液主要有＿＿＿＿、＿＿＿＿、＿＿＿＿和＿＿＿＿的作用。车削时常用的切削液有＿＿＿＿＿＿＿＿＿＿＿＿和＿＿＿＿＿＿＿＿＿＿＿＿两大类。

二、判断题（正确的打“√”，错误的打“×”）

1．车削时工件的旋转运动是主运动。（　　）

2．由于三爪自定心卡盘的三个卡爪是同步运动的，能自动定心，因此工件装夹后不需要进行找正。（　　）

3．当三爪自定心卡盘因使用时间较长而已失去应有的精度，而工件的加工精度要求又较高时，也需要找正。（　　）

4．进给量是衡量进给运动大小的参数，单位是 mm/r。（　　）

5．根据计算所得的车床主轴转速，应选取铭牌上较高的转速。（　　）

6．一般情况下，在数控车床上车削工件时所留的精车余量比在普通卧式车床上小。（　　）

7．粗加工时可用百分表找正工件毛坯表面。（　　）

8．找正工件时，将主轴箱变速手柄置于低速位置。（　　）

9．找正盘类工件时，不仅要找正外圆柱面，还需要找正工件的端面。（　　）

10．车刀装夹在刀架上的伸出部分应尽量长点，以方便车削工件。（　　）

11．若车刀刀尖低于工件轴线，会使车刀的实际后角减小，车刀后面与工件之间的摩擦增大。（　　）

三、选择题（将正确答案的代号填入括号内）

1．工件上由切削刃正在形成的那部分表面是（　　）。

A．已加工表面　　B．过渡表面　　C．待加工表面

2．刀具上与工件过渡表面相对的刀面称为（　　）。

A．前面　　B．主后面　　C．副后面　　D．待加工表面

3．刃倾角为负值时，切屑流向工件的（　　）。

A．待加工表面　　B．已加工表面　　C．过渡表面　　D．任意表面

4．车削时，若切屑流向工件已加工表面，则车刀的刀尖位于主切削刃的（　　）。

A．最高点　　　　B．水平点　　　　C．最低点　　　　D．任意点

5．（　　）是衡量主运动大小的参数，单位是 m/min。

A．背吃刀量　　　　B．进给量　　　　C．切削速度　　　　D．切削深度

6．半精车、精车时选择切削用量应首先考虑（　　）。

A．提高生产效率　　　　B．保证加工质量

C．延长刀具寿命　　　　D．保证加工质量及延长刀具寿命

7．精加工找正工件时，对于直径较大而轴向长度不大的盘形工件，可将百分表测头（　　）指向工件端面的外缘处。

A．平行　　　　B．垂直　　　　C．以大于 15° 的倾斜角

8．在实际测量中，百分表测头应预先压下（　　）mm，再使工件回转。

A．0.5 ~ 1　　　　B．2　　　　C．5

9．国内外推广使用的节省能源、有利环保的高性能切削液是（　　）。

A．水溶液　　　　B．乳化液　　　　C．复合油　　　　D．合成切削液

10．在钻削、铰削和加工深孔等半封闭状态下，优先选用黏度较低的（　　）。

A．水溶液　　　　B．矿物油

C．动植物油　　　　D．极压乳化液或极压切削油

四、名词解释

1．背吃刀量

2．进给量

3．切削速度

五、问答题

1．简述用划针找正工件的方法。

2．粗车时切削用量的选择原则是什么？为什么？

六、计算题

1．已知工件毛坯直径为 65 mm，若一次进给车至直径为 60 mm，求背吃刀量 a_p。

2．已知工件毛坯直径为 70 mm，选择背吃刀量为 2.5 mm，一次进给后，车出的工件直径是多少？

3. 已知工件毛坯直径为 65 mm，若一次进给车至直径为 60 mm，且车床主轴转速为 560 r/min，求切削速度 v_c。

4. 在 CA6140 型卧式车床上，把直径为 60 mm 的轴一次进给车至 52 mm。如果选用切削速度为 90 m/min，求背吃刀量 a_p 和车床主轴转速 n。

第二单元　轴类零件的车削

课题一　车端面、外圆和台阶

一、填空题（将正确答案填写在横线上）

1．轴的台阶包含________、________和________，除了应保证外圆直径和台阶的长度外，还应保证________________、外圆素线平直以及外圆素线与轴肩端面的____________。

2．台阶直径可用________________进行测量。台阶长度可用____________________或____________________卡尺进行测量。

3．游标卡尺是车工应用____________的通用量具，它可以直接测量工件的__________、________、________、________等。游标卡尺的分度值有________mm、________mm和________mm三种。

4．常用的车削外圆、端面、台阶以及倒角用的车刀主偏角有________、____________和________等几种。

5．车削轴类工件一般可分为________和________两个阶段。

6．粗车时，余量多，为了增大背吃刀量及减小刀尖的压力，装夹车刀时实际主偏角以________90°为宜。

7．90°外圆车刀俗称__________，其主偏角 κ_r=________。按车削时进给方向不同分为____________和____________两种。

8．75°外圆车刀的刀尖角 ε_r__________90°，刀头强度__________，较耐用。75°外圆车刀也分为____________与____________两种。75°右偏刀适用于________轴类工件的外圆及对加工余量较________的铸件、锻件外圆进行________车削；75°左偏刀还适用于车削铸件、锻件的____________。

9．若采用90°车刀车削端面，也应采用____________________车削的方法。

10．只有在启动机床后，移动刀具，具备______________________________________和____________________________________，才可能使刀具不崩刃。

11．在车削外圆时通常要进行精车，目的是控制____________________，保证工件的________________。____________和____________是一个较好的方法。

12．车削台阶时既要保证________的尺寸精度和________的长度要求，还要保证台阶平面与工件轴线的____________要求。

13．采用一夹一顶方式装夹工件时，在主轴锥孔内应设置限位支承，以保证工件的________位置。

二、判断题（正确的打“√”，错误的打“×”）

1．粗车刀的主偏角越小越好。 （　　）

2．45° 外圆车刀的刀尖角 ε_r=90°，所以刀具强度和散热条件都比 90° 外圆车刀好。 （　　）

3．用右偏刀车端面，如果车刀由工件外缘向中心进给，当背吃刀量较大时，容易形成凹面。 （　　）

4．车削时应先进刀再启动车床，车削完毕应先退刀再停止车床，否则车刀容易损坏。 （　　）

5．对刀时，车刀刀尖轻轻接触工件待加工表面，以此作为确定背吃刀量的零点位置，然后反向摇动中滑板手柄，此时床鞍手轮不动，使车刀向右离开工件 3 ~ 5 mm。 （　　）

6．当床鞍纵向进给快碰到挡铁时，应改手动进给为机动进给。 （　　）

7．游标卡尺仅用于测量已加工的光滑表面，不宜用于测量表面粗糙的工件，以免测量爪过快磨损。 （　　）

8．粗车外圆时，若加工余量过大，可按照背吃刀量由大至小的原则选择，进行第二、第三次进给车削，直至符合图样要求为止，但进刀次数应尽可能多。 （　　）

9．Ⅱ型游标卡尺的测量爪配置与Ⅰ型游标卡尺相同，游标尺部分则与Ⅲ型游标卡尺相同，增加了微动装置，无深度尺，测量范围有 0 ~ 200 mm 和 0 ~ 300 mm 两种。 （　　）

三、选择题（将正确答案的代号填入括号内）

1．粗车刀必须适应粗车时（　　）的特点。

A．吃刀深，转速低　　B．进给快，转速高

C．吃刀深，进给快　　D．吃刀浅，进给快

2．工件外圆形状允许时，粗车刀的主偏角最好选择（　　）左右。

A．45°　　B．75°　　C．90°　　D．93°

3．由于工件是旋转的，用中滑板刻度盘横向进给时，直径上被切除的金属层厚度是中滑板刻度盘刻度值的（　　）倍。

A．1/4　　B．1/2　　C．1　　D．2

4．（　　）刻度盘的刻度值直接表示工件长度方向上的切除量。

A．床鞍　　B．小滑板　　C．中滑板　　D．尾座

5．装夹 90° 车刀粗车时，实际主偏角 κ_r 一般取（　　）。

A．85° ~ 90°　　B．75° ~ 85°

C．60° ~ 75°　　D．90° ~ 95°

6．装夹 90° 车刀精车时，实际主偏角 κ_r 一般取（　　）。

A．85° ~ 90°　　B．75° ~ 85°

C．60° ~ 75°　　D．90° ~ 95°

7．台阶长度可用（　　）或（　　）进行测量，平面度和直线度误差可用（　　）和（　　）检测，端面、台阶平面对工件轴线的垂直度误差可用（　　）或标准套和（　　）检测。

A．钢直尺　　　　　　　　　　　　B．游标深度卡尺

C．刀口形直尺　　　　　　　　　　D．塞尺

E．百分表　　　　　　　　　　　　F．直角尺

四、问答题

1．车削台阶轴常用的车刀有哪几种？各有什么用途？

2．简述控制台阶长度的方法。

3．简述分度值为 0.02 mm 游标卡尺的读数方法。

课题二　钻中心孔及车台阶轴

一、填空题（将正确答案填写在横线上）

1．轴是机器中最常用的零件之一，一般由________、________、________、________、________和________等结构要素构成。

2．台阶轴可用________或________测量长度，粗加工时也可用________测量。

3．轴的外径可用________进行测量，精度较高时一般常用________进行测量。

4．外径千分尺的分度值一般为________mm，其移动量通常为________mm，常用千分尺的测量范围分为________mm、________mm、________mm、________mm等。

5．指示表是一种________量仪。按照能源来分，指示表可分为________和________；按照分度值或分辨力来分，指示表可分为________和________；按照结构来分，指示表可分为________和________。

6．用________和________装夹工件，必须先用中心钻在工件一端或两端的端面上加工出合适的中心孔。

7．中心孔的基本尺寸为________，它是选取________的依据。

8．后顶尖分为________和________两类。普通固定顶尖用于________切削，硬质合金固定顶尖可用于________切削。

9．回转顶尖将顶尖与中心孔之间的________转变成顶尖内部轴承的________，克服了固定顶尖容易磨损且产生热量较多的缺点，可以承受很________的转速，但其定心精度________，刚度也稍________。

10．________是安装在主轴锥孔中的顶尖，它随主轴和工件一起回转，与工件中心孔________，不产生________。

11．用两顶尖装夹轴类工件，虽定位精度________，但其刚度________，尤其是对________的工件，装夹时稳定性不够，切削用量的选择受到限制，这时通常采用________的方法装夹工件。这种装夹方法安全，可靠，能承受较大的________。

12．两顶尖装夹适用于装夹________的工件或________的工件，以及________、在车削后还要________的工件。

13．中心孔有________型、________型、________型和________型四种。

二、判断题（正确的打“√”，错误的打“×”）

1．测量工件尺寸前应检查千分尺的零位，即检查微分筒上的零线和固定套筒上的零线

基准是否对齐。（ ）

2．R 型中心孔的形状与 C 型中心孔相似，只是将 C 型中心孔的圆锥面改成圆弧面，这样使其与顶尖的配合变成线接触。（ ）

3．中心孔中圆锥孔与顶尖锥面配合，起定心作用并承受工件重力和切削力，因此圆锥孔的表面质量要求较高。它的圆锥角一般为 90°，重型工件用 75°。（ ）

4．圆柱孔直径 $d \leqslant 6.3$ mm 的中心孔常用高速钢制成的中心钻直接钻出。（ ）

5．钻中心孔时应取较低的转速，进给量小而均匀，当中心钻进入工件后应及时加切削液进行冷却和润滑。（ ）

6．中心孔钻毕，中心钻在孔中稍作停留，以修光中心孔，提高中心孔的形状精度和表面质量，然后退出中心钻。（ ）

7．外径千分尺属测微螺旋量具。（ ）

8．测量轴类工件的圆柱度误差时，只需在被测表面的全长上取前、后两点，比较其测量值，其最大值与最小值之差的一半即为被测表面全长上的圆柱度误差。（ ）

9．百分表和千分表应固定在测架或磁性表座上使用，测量前应转动表圈，使表的长指针对准“0”刻线。（ ）

10．机床运行时可以用量具和量仪测量工件，以减少辅助时间，提高生产效率。（ ）

11．前顶尖以带锥度的柄部插入主轴锥孔内，装夹牢靠，可重复使用，适用于批量生产。（ ）

12．对于相互位置精度要求较高的工件，采用一夹一顶装夹掉头车削时，校正较困难。（ ）

三、选择题（将正确答案的代号填入括号内）

1．A 型、B 型、C 型中心孔的圆锥角一般为（ ）。

A．30° B．40° C．50° D．60°

2．（ ）型中心孔适用于精度要求较高或工序较多的工件，其应用最广泛。

A．A B．B C．C D．R

四、问答题

1．简述用一夹一顶和两顶尖装夹工件的特点和适用场合。

2．简述千分尺的读数方法。

3．判断图 2–1 所示千分尺的分度值，并读出其所表示的尺寸。

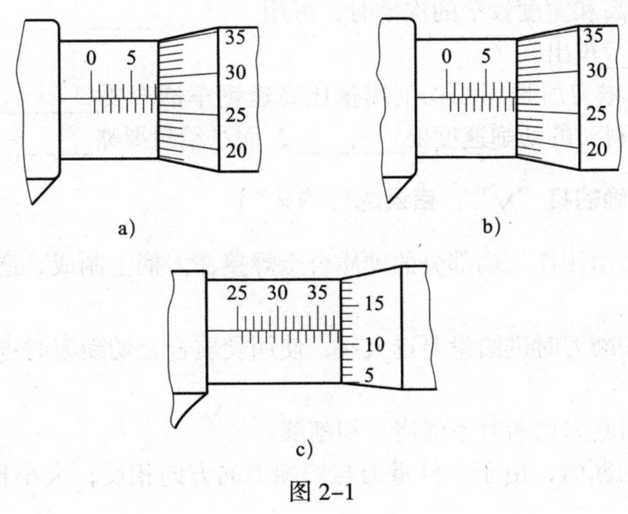

图 2–1

课题三　车槽和切断

一、填空题（将正确答案填写在横线上）

1．沟槽的形状和种类较多，常用的外沟槽有＿＿＿＿＿＿、＿＿＿＿＿＿、＿＿＿＿＿＿等，＿＿＿＿沟槽的作用通常是使所装配的零件有正确的轴向位置，在磨削、车螺纹等加工过程中便于＿＿＿＿。

2．对于精度要求低的沟槽，可用＿＿＿＿＿＿测量沟槽宽度，用＿＿＿＿＿＿测量沟槽直径；对于精度要求一般的沟槽，其直径可用________________测量。

3．按切削部分材料不同，车槽刀分为____________车槽刀和________________车槽刀。

4．高速钢切断刀以________进给为主，前端的切削刃为________________，两侧的切削刃是________________。

5．切断（车槽）刀以横向进给为主，因此 κ_r=________。

6．采用反向切断法时，主轴与工件____________，切削力 F_c 的方向与工件重力 G 方向________，不容易引起________。

7．弹性车槽（切断）刀刀头会__________________，可避免因__________而造成切断刀________。

8．切断刀的卷屑槽不宜磨得________，一般为____________mm。若卷屑槽刃磨太深，刀头强度________，容易________。

9．车槽刀刀头轴线应与工件轴线________；否则车出的槽壁可能____________，可用直角尺检查____________。

10．车削精度不高和宽度较窄的沟槽时，可用____________________________的车槽刀，采用一次____________车出。

11．硬质合金车槽刀所选用的切削用量比高速钢车槽刀要________，车削钢料时的切削速度比车削铸铁材料时的切削速度要________，而进给量要略________一些。

二、判断题（正确的打“√”，错误的打“×”）

1．高速钢车槽刀由用作切削部分的硬质合金焊接在刀柄上制成，适用于高速切削。（　　）

2．使用高速钢切断刀时进给量要选大些，使用硬质合金切断刀时进给量要选小些。（　　）

3．用硬质合金切断刀切断时不能浇注切削液。（　　）

4．使用反切刀切断时，由于工件重力与切削力的方向相反，大小相等，因此不易引起振动。（　　）

5．刃磨切断刀与车槽刀的两侧副后角和副偏角时，均可以为负值。（　　）

6．安装车槽刀时，刀头轴线应与工件轴线平行，否则车出的槽壁可能不平直。（　　）

7．车较宽的槽时，可用刀宽等于槽宽的车槽刀，采用一次直进法车出。（　　）

8．装夹高速钢车刀时刀架上螺栓常会夹偏，可在刀柄上面与刀架夹紧螺栓之间垫一片垫片，使车削时刀柄受力均匀，提高刀柄强度。（　　）

三、选择题（将正确答案的代号填入括号内）

1．切断刀有（　　）个刀尖。

A．1　　B．2　　C．3　　D．4

2．切断刀有（　　）个副偏角。

A．1　　B．2　　C．3　　D．4

3．切断刀的主偏角一般取（　　）。

A．45°　　B．90°　　C．75°　　D．118°

4．用高速钢切断刀切断中碳钢工件时，前角应取（　　）。

A．$-10°\sim0°$　　B．$0°\sim15°$　　C．$20°\sim30°$　　D．$30°\sim45°$

5．切断刀的刃倾角一般取（　　）。

A．正值　　B．负值　　C．0°

6．工件被切断处的直径为 49 mm，则切断刀主切削刃宽度应刃磨在（　　）mm 的范围内。

A．2 ~ 2.6　　B．3.5 ~ 4.2　　C．4 ~ 4.6　　D．5 ~ 5.6

7．工件被切断处的直径为 80 mm，则切断刀刀头长度应刃磨在（　　）mm 的范围内。

A．42 ~ 43　　B．45 ~ 48　　C．25 ~ 35　　D．35 ~ 40

四、问答题

1．简述弹性切断刀的优点。

2．简述槽宽较宽、精度较高的矩形槽的车削方法。

3．装夹切断刀时应注意什么？

4．简述车外沟槽时沟槽的宽度和深度尺寸不正确的原因及预防方法。

第三单元　套类零件的加工

课题一　钻孔和扩孔

一、填空题（将正确答案填写在横线上）

1．麻花钻由________、________和________________组成。________是麻花钻上的夹持部分，切削时用来传递转矩。柄部有________________________________和________两种。

2．直径较大的麻花钻在________标有麻花钻的直径、材料牌号和商标。

3．钻头工作部分的导向部分在钻削过程中起到________________、____________的作用，也是切削部分的后备部分。

4．麻花钻有________对称的主切削刃、________副切削刃和________横刃。

5．麻花钻的工作部分有两条螺旋槽，其作用是构成____________、________________和____________________。

6．在通过麻花钻轴线并与两条主切削刃平行的平面上，两条主切削刃投影间的夹角称为________，标准麻花钻的顶角 $2\kappa_r$ 为________。

7．麻花钻两条主切削刃的连接线称为________，也就是两主后面的________。

8．钻孔时的背吃刀量为麻花钻的________。

9．在车床上钻孔时的进给量是用手转动车床________________来实现的。

10．用高速钢麻花钻钻淬硬钢时选用的切削液是________________。

11．对于精度要求不高的孔，可用____________直接钻出；对于精度要求较高的孔，钻孔后还要再经过________或________、________等加工才能完成。

12．在实体材料上钻孔，孔径不大时可以用钻头____________钻出；若孔径较大（超过 30 mm），应分________钻出。

13．常用的扩孔工具有_______________和_______________等。孔精度要求一般时可用____________扩孔，精度要求较高的孔，可用____________进行半精加工。

14．扩孔钻在________________和________上用得较多。

15．圆锥形锪钻有________、________和________等几种。

二、判断题（正确的打“√”，错误的打“×”）

1．麻花钻的顶角为 118° 左右，横刃斜角为 55° 左右。（　　）

2．只有把麻花钻的顶角刃磨成 118° 时，钻头才能使用。（　　）

3．麻花钻的顶角大，前角也增大，使切削省力。（　　）

4．在麻花钻的导向部分制出棱边是为了减小麻花钻与孔壁之间的摩擦 。（　　）

5．刃磨麻花钻时，应使钻头轴线与砂轮外圆柱面母线在水平面内的夹角等于顶角的1/2，即κ_r=59°。（　　）

6．钻孔时不宜选择较高的机床转速。（　　）

7．钻铸铁时进给量可比钢料略大一些。（　　）

8．选择麻花钻的长度时，应使导向部分（麻花钻螺旋槽部分）越长越好。（　　）

9．钻孔前，工件中心处允许留有凸头。（　　）

10．钻孔后需铰孔的工件，由于所留铰削余量较少，因此钻孔时当钻头钻进工件 1～2 mm后，应将钻头退出，停车检查孔径。（　　）

11．扩孔时背吃刀量是扩孔钻直径的 1/2。（　　）

12．用锪削方法加工平底或锥形沉孔的方法称为锪孔。（　　）

三、选择题（将正确答案的代号填入括号内）

1．一般标准麻花钻的顶角为（　　）。

A．118°　　B．100°　　C．150°　　D．132°

2．麻花钻的顶角增大时，前角（　　）。

A．增大　　B．减小　　C．无影响　　D．不变

3．若麻花钻的横刃太短，会影响钻尖的（　　）。

A．耐磨性　　B．强度　　C．抗振性　　D．韧性

4．若钻出的孔扩大并且倾斜，是因为麻花钻的（　　）。

A．顶角不对称　　B．切削刃长度不等

C．顶角不对称且切削刃长度不等　　D．顶角对称但切削刃长度不等

5．用高速钢麻花钻钻钢料时的切削速度比钻铸铁时要（　　）。

A．高些　　B．低些　　C．无区别

6．用高速钢麻花钻钻孔，若被钻削的材料为中碳钢，则选用的切削液是（　　）。

A．1%～2%的低浓度乳化液　　B．电解质水溶液或矿物油

C．3%～5%的中等浓度乳化液　　D．10%～20%的高浓度乳化液

7．锪削圆柱孔直径 d>6.3 mm 中心孔的圆锥孔和护锥时分别用（　　）和（　　）锪钻。孔口倒角或锪沉头螺钉孔时用（　　）锪钻。

A．60°　　B．90°　　C．120°

四、名词解释

1．前面

2．主后面

3．顶角

4．横刃

5．扩孔

五、问答题

1．用直径为 15 mm 的麻花钻钻孔，工件材料为 45 钢，若选用车床主轴转速为 710 r/min，求背吃刀量 a_p 和切削速度 v_c。

2．加工直径为 50 mm 的孔，先用 ϕ30 mm 的麻花钻钻孔，选用车床主轴转速为 320 r/min，然后用同样的切削速度，用 ϕ50 mm 的麻花钻将孔扩大，求：

（1）扩孔时的背吃刀量；

（2）扩孔时车床的主轴转速。

3．在图 3–1 所示的麻花钻中指出前面、主后面、副后面、主切削刃、副切削刃、横刃和棱边。

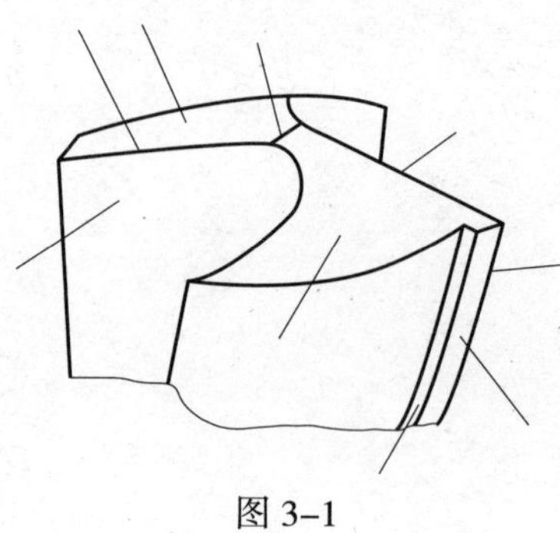

图 3–1

课题二　车　　孔

一、填空题（将正确答案填写在横线上）

1．车孔时孔的测量主要包括________的测量、____________的测量等。

2．当孔的精度要求较低时，可采用__________、__________、__________等测量。在成批生产中，常用________测量孔径。

3．塞规由__________、__________和__________组成，塞规的通端尺寸等于孔的____________尺寸，止端尺寸等于孔的____________尺寸，用塞规测量孔径方便、效率高。

4．测量盲孔用的塞规，应在通端和止端的圆柱面上沿轴向开__________。

5．内测千分尺的刻线方向与外径千分尺相反，当顺时针旋转微分筒时，活动量爪向________移动，测量值________。

6．内径千分尺由__________和各种规格的__________组成。

7．内径千分尺的读数方法与外径千分尺相同，但由于无____________，因此测量误差较大。

8．三爪内径千分尺用于测量 $\phi 6 \sim 100$ mm 的____________、____________的孔径，它的三个测量爪在很小幅度的摆动下能__________位于孔的直径位置，此时的读数即为________________。

9．内径百分表主要用于测量________________且________的孔。

10．在车床上车削圆柱孔时，其形状精度一般只检测__________误差和______________误差。

11．用内径百分表检测孔时，读数最大值与最小值之差的______________即为该截面的________误差。

12．内孔车刀可分为________________和__________________两种。盲孔车刀用来车削________或____________。

13．车平底盲孔时，刀尖在刀柄的________，刀尖到刀柄外端的距离应________孔半径 R，否则无法________________________。

14．车直径较小的台阶孔时，先粗车、精车________，再粗车、精车________。

15．车削平底孔时，选择比孔径小____________mm 的钻头先钻出底孔，其钻孔深度从麻花钻________量起，并在麻花钻上刻线痕做记号，然后用相同直径的____________将底孔扩成平底，底平面处留余量____________mm。

16．刃磨平头钻时应将两主切削刃磨________，横刃要________，后角不宜________，外缘处前角要修磨得________；否则容易引起________现象，还会使孔底产生________形，甚至使钻头________。

17．加工盲孔的平头钻最好采用________钻心，以获得良好的定心效果。

18．车平底孔的方法是用____________扩平孔底锥形，用________车削孔底锥形。

二、判断题（正确的打“√”，错误的打“×”）

1．前排屑通孔车刀的刃倾角采用正值，后排屑盲孔车刀的刃倾角采用负值。（ ）

2．盲孔车刀的主偏角 κ_r 大于 90°，一般为 95°～100°。（ ）

3．如果使内孔车刀的刀尖位于刀柄的中心线上，则刀柄的截面积可大大地增加。（ ）

4．如果刀柄伸出太长，就会降低刀柄的刚度，容易引起振动，一般内孔车刀的刀柄比被加工孔长 5～15 mm。（ ）

5．内孔车刀装夹正确与否直接影响车削情况和孔的精度，内孔车刀装夹好后，在车孔前应先在孔内试走一遍，检查有无碰撞现象，以确保安全。（ ）

6．在内孔车刀刀尖接近孔底面时，必须改手动进给为机动进给。（ ）

7．车孔时，中滑板进、退方向与车外圆时相反。（ ）

8．为了防止内孔车刀后面与孔壁的摩擦，又不使后角磨得太大，一般磨成两个后角。（ ）

9．孔的圆柱度误差可用内径百分表在孔全长的前、后位置测量一个截面。（ ）

三、选择题（将正确答案的代号填入括号内）

1．通孔车刀的主偏角一般取（ ），盲孔车刀的主偏角一般取（ ）。

A．35°～45°　　B．60°～75°　　C．92°～95°

2．前排屑通孔车刀应选择（ ）刃倾角。

A．正值　　B．负值　　C．0°

3．用塞规检验孔的尺寸时，如通端和止端均进入孔内，则孔径（　　）。

A．大　　B．小　　C．合格

4．用塞规检验盲孔时，如通端不能进入孔内，可能是（　　）。

A．孔径小　　B．孔径大　　C．塞规无排气孔

5．内径千分尺在孔内摆动，在直径方向找出（　　）读数，轴向找出（　　）读数，这两个读数重合就是孔的实际尺寸。

A．最大　　B．最小　　C．最大或最小

四、问答题

1．车孔的关键技术问题是什么？

2．粗车和精车台阶孔时车孔深度的控制方法有哪些？

课题三　车内沟槽

一、填空题（将正确答案填写在横线上）

1．常见的内沟槽有________、________和____________。

2．对于宽度较小和精度要求不高的内沟槽，可用主切削刃宽度等于槽宽的内沟槽车刀采用____________一次车出。

3．对于精度要求较高或较宽的内沟槽，可采用直进法分________车出。粗车时，槽壁和槽底应留________________，然后根据槽宽、槽深要求进行精车。

4．对于深度较浅、宽度很大的内沟槽，可用________________先车出凹槽，再用内沟槽车刀车沟槽两端的____________。

5．内沟槽深度（或内沟槽直径）一般用____________________配合________________或____________进行测量。对于直径较大的内沟槽，可用________________________进行测量。

6．内沟槽的轴向位置尺寸可用________________________________进行测量。

7．内沟槽宽度可用________检测，当孔径较大时可用________________进行测量。

8．内沟槽车刀与____________的几何形状相似，但________________相反。

9．装夹内沟槽车刀时，应使主切削刃与孔中心________或____________孔中心，且主切削刃与工件轴线________。

10．按切削部分材料不同，车槽刀分为____________车槽刀和____________________车槽刀。

二、判断题（正确的打“√”，错误的打“×”）

1．内沟槽车刀与切断刀的几何形状相似，装夹方向相同。（　　）

2．装夹内沟槽车刀时，应使主切削刃与孔中心等高或略高，且主切削刃与轴线垂直。（　　）

3．为控制内沟槽深度，要根据内沟槽深度计算出中滑板刻度的进给格数，并在进给终止相应刻度位置做出标记或记下该刻度值。（　　）

4．用床鞍刻度或小滑板刻度控制内沟槽车刀进入孔内，深度为内沟槽位置尺寸 L 和内沟槽车刀主切削刃宽度 b 之和，即 $L+b$。（　　）

5．内沟槽宽度可用样板检测，当孔径较大时可用游标卡尺测量。（　　）

三、选择题（将正确答案的代号填入括号内）

1．窄槽的作用是（　　），宽槽的作用是（　　），V 形槽的作用是（　　）。

A．退刀，轴向定位，油、气通道

B．储油，减小与配合轴的接触面积

C．嵌入毛毡后起密封作用

2．下列选项中不属于平面槽的是（　　）。

A．平面直槽　　B．T 形槽

C．燕尾槽　　D．外圆平面槽

3．下列选项中关于车槽时产生振动的原因叙述不正确的是（　　）。

A．主轴与轴承之间间隙太小

B．车槽时转速过高，进给量过小

C．车槽时工件悬伸太长，在离心力的作用下产生振动

D．车槽刀远离工件支承点或车槽刀伸出过长

四、问答题

1．简述内沟槽深度尺寸的控制方法。

2．按切削部分材料不同，内沟槽车刀分为哪几种？各有什么特点？

课题四 铰 孔

一、填空题（将正确答案填写在横线上）

1．铰孔特别适合加工直径________、长度________的通孔。

2．铰孔的精度可达____________级，表面粗糙度 *Ra* 值可达________μm。

3．铰刀由________________、________和________组成。

4．铰刀的柄部有____________、____________和____________三种。

5．铰刀的工作部分由____________、____________和________________组成。

6．铰刀的刃齿数一般为____________齿，为了便于测量直径，应采用________齿。

7．铰刀按使用时动力来源不同可分为________铰刀和________铰刀。

8．在车床上铰孔时，一般将机用铰刀的锥柄插入尾座套筒的锥孔中，并调整尾座套筒轴线与主轴轴线重合，同轴度误差应小于________mm。一般精度的车床常采用________套筒装夹铰刀。

二、判断题（正确的打“√”，错误的打“×”）

1．正值刃倾角铰刀不适用于加工盲孔。 （ ）

2．铰孔能修正孔的直线度误差。 （ ）

3．铰削时，切削速度越低，表面粗糙度值越小。（　　）

4．铰孔前，孔的表面粗糙度 *Ra* 值要小于 6.3 μm。（　　）

5．使用浮动套筒能消除孔的直线度和同轴度误差。（　　）

6．铰孔是精加工，故铰削时的进给量可取小些，铰钢料时，可选 1.0 mm/r。（　　）

7．铰削时，使用水溶性切削液（如乳化液）铰出的孔径比铰刀的实际直径稍微小一些，孔的表面粗糙度值较小。（　　）

8．铰孔时必须试铰，以免造成成批废品。（　　）

9．铰刀由孔内退出时，车床主轴应反转。（　　）

三、选择题（将正确答案的代号填入括号内）

1．铰出的孔径缩小是由于使用了（　　）。

A．水溶性切削液　　B．油溶性切削液　　C．干切削

2．铰削铸件时可采用（　　）作为切削液。

A．乳化液　　B．切削油　　C．煤油

3．采用（　　）铰出的孔表面质量最好，采用（　　）铰出的孔表面质量最差。

A．水溶性切削液　　B．油溶性切削液　　C．干切削

4．铰孔时的切削速度应取（　　）m/min 以下。

A．10　　B．5　　C．20

5．用高速钢铰刀精加工孔时，铰削余量应留（　　）mm。

A．0.15 ~ 0.2　　B．0.4 ~ 0.8　　C．0.08 ~ 0.12

四、问答题

1．什么是铰孔？铰孔适用于什么场合？

2．铰孔时分别使用新铰刀以及磨损到一定程度的铰刀，如何选择切削液来保证铰孔精度及延长铰刀的使用寿命？

第四单元 圆锥面的车削

课题一 车外圆锥面

一、填空题（将正确答案填写在横线上）

1．圆锥分为__________和__________两种。

2．圆锥的基本参数是__________、__________、__________、__________和__________。

3．常用标准工具圆锥有__________和__________两种。

4．莫氏圆锥是机械制造业中应用最广泛的一种，共有______种号码，其中最小的是______号，最大的是______号。

5．米制圆锥有______号、______号、______号、______号、______号、______号和______号共七个号码，它们的号码是指__________，其______固定不变，即C=______。

6．针对非标准圆锥或锥角较大的圆锥，通常用__________、__________、__________、__________、__________进行角度或锥度的检测。

7．游标万能角度尺的分度值一般分为______和______两种。

8．在成批和大量生产时，为减少辅助时间，可用__________检测圆锥。但此方法精度______，且不能测得__________。

9．对于标准圆锥或配合精度要求较高的外圆锥工件，可使用__________进行检测。

10．游标万能角度尺可以测量__________范围内的任意角度。

11．用转动小滑板法车外圆锥，根据工件图样选择相应的公式计算出__________，即为小滑板应转动的角度。

12．转动小滑板法主要适用于__________生产中车削圆锥半角______且锥面______的工件。

13．用偏移尾座法车圆锥时，尾座的偏移量不仅与__________有关，而且还与两顶尖间的______有关，这段距离一般可近似地看作__________。

二、判断题（正确的打“√”，错误的打“×”）

1．圆锥长度是指最大圆锥直径与最小圆锥直径之间的轴向距离。 （ ）

2．圆锥半角与锥度属于同一参数。（　　）

3．莫氏圆锥的号数越大，锥度越大。（　　）

4．在莫氏圆锥中，虽然号数不同，但圆锥角都相同。（　　）

5．米制圆锥的号码指最小圆锥直径。（　　）

6．米制圆锥各号码的锥度均相等。（　　）

7．用涂色法检验外圆锥时，如果塞规大端显示剂被擦去，说明工件圆锥角小了。（　　）

8．工件的圆锥角为 20° 时，车削时小滑板也应转 20°。（　　）

9．采用偏移尾座法车外圆锥时必须用两顶尖装夹工件。（　　）

10．用转动小滑板法车圆锥，圆锥角调整范围小。（　　）

11．小滑板导轨与镶条间的配合间隙应调整合适，过紧或过松都会使车出的锥面表面粗糙度值增大，且圆锥的素线不直。（　　）

三、选择题（将正确答案的代号填入括号内）

1．莫氏圆锥属于（　　）标准工具圆锥。

A．国家　　B．国际　　C．部颁　　D．专用

2．常用的工具圆锥有（　　）种。

A．3　　B．2　　C．4　　D．5

3．用转动小滑板法车圆锥时，若最大圆锥直径靠近主轴，小滑板应（　　）。

A．逆时针转动 $\alpha/2$　　B．顺时针转动 $\alpha/2$

C．逆时针转动 α　　D．顺时针转动 α

4．用偏移尾座法车圆锥时，尾座的偏移量与（　　）无关。

A．两顶尖之间的距离　　B．圆锥长度

C．锥度　　D．圆锥素线长度

四、名词解释

1．圆锥角

2．锥度

五、问答题

1．怎样用涂色法检验圆锥角度？

2．怎样用转动小滑板法车外圆锥？

3．用偏移尾座法车外圆锥的原理是什么？

六、计算题

1．根据下列已知条件，用查三角函数表的方法计算出圆锥半角 $\alpha/2$。

（1）D=24 mm，d=20 mm，L=46 mm；

（2）D=62 mm，d=48 mm，L=108 mm；

（3）D=48 mm，d=32 mm，L=82 mm；

（4）C=1∶4；

（5）C=1∶20。

2．已知最大圆锥直径为 58 mm，圆锥长度为 100 mm，锥度为 1∶5，求最小圆锥直径 d。

3．用偏移尾座法车锥度为 1∶10 的外圆锥，工件总长为 120 mm，试计算尾座偏移量 S。

课题二　车内圆锥面和圆锥配合件

一、填空题（将正确答案填写在横线上）

1．在车床上加工内圆锥面的方法主要有________________、________________和________________。

2．内圆锥的角度或锥度使用____________采用__________检测。

3．内圆锥尺寸主要用____________检测。

4．当内圆锥直径较________且精度要求较________时，可用铰削方法加工内圆锥面。

5．锥形铰刀分为__________和__________两种。

6．铰削内圆锥面时，参加切削的切削刃________，切削面积________，排屑较________，所以切削用量应选得________些。

7．精车内圆锥时，控制尺寸的方法有____________、________________、________________。

8．车内、外圆锥配合件的方法有______________、________________、________________。

二、判断题（正确的打“√”，错误的打“×”）

1．为了便于加工和测量，装夹工件时应使锥孔大端直径的位置在外端（靠近尾座方向），锥孔小端直径的位置则靠近车床主轴。（　　）

2．用宽刃刀法车削内圆锥时，若刃倾角 $\lambda_s \neq 0°$，就会出现双曲线误差。（　　）

3．用转动小滑板法粗车内圆锥时，切削速度应比车外圆锥时低 10% ~ 20%。（　　）

4．车内圆锥产生双曲线误差时中间是凸起的。（　　）

5．用宽刃刀法车内圆锥时使用切削液润滑，可使车出的内锥面表面粗糙度 Ra 值达到 1.6 μm。（　　）

6．锥孔车刀刀柄尺寸受锥孔小端直径的限制，为提高刀柄刚度，宜选用圆锥形刀柄，且刀尖应与工件中心对称平面等高，以免出现内圆锥面抛物线误差。（　　）

7．车削内、外圆锥配合件时，关键在于将小滑板调整至同一位置状态下完成内、外圆锥面的车削，不变动小滑板已调整好的角度。（　　）

8．铰削的内圆锥面精度比车削的高，表面粗糙度 Ra 值可达 0.8 ~ 0.4 μm。（　　）

三、选择题（将正确答案的代号填入括号内）

1．铰削铸铁件的内圆锥面时可使用（　　）作为切削液。

A．水溶性切削液　B．油溶性切削液　C．煤油　D．水

2．车锥面时，车刀刀尖应与刀柄中心对称平面等高，以免使内圆锥出现（　　）误差。

A．锥度不正确　B．双曲线　C．抛物线　D．圆度

3．下列选项中（　　）不能在车床上加工内圆锥面。

A．转动小滑板法　　B．偏移尾座法　　C．宽刃刀法　　D．铰内圆锥法

四、问答题

1．简述车内、外圆锥配合件的方法。

2．怎样检验内圆锥最大圆锥直径的正确性？

第五单元　滚花和成形面的车削

课题一　滚　　花

一、填空题（将正确答案填写在横线上）

1．用滚花工具在工件表面滚压出花纹的加工称为________。

2．滚花的花纹有________和________两种。花纹有________之分，并用____________进行区分。________越大，花纹越粗。

3．由于滚花时出现工件________现象难以完全避免，因此，车削带有滚花表面的工件时，滚花应安排在________之后、________之前进行。

4．滚花时应选________的切削速度，一般为__________________m/min。纵向进给量可选择________些，一般为____________mm/r。

二、判断题（正确的打“√”，错误的打“×”）

1．单轮滚花刀只能用来滚直纹。（　　）

2．滚压碳素钢或滚花表面要求一般的工件时，可使滚花刀刀柄尾部向右偏斜 3°～5°装夹，以便切入工件表面且不易产生乱纹。（　　）

3．在滚花刀开始滚压时挤压力要小一些，这样就不易产生乱纹。（　　）

4．滚花时只允许滚压一次，滚花至花纹凸出达到要求为止，否则反复滚压就会产生乱纹。（　　）

5．滚花时应充分浇注切削液，以润滑滚轮及防止滚轮发热而损坏，并经常清除滚压产生的碎屑。（　　）

6．可把外圆略车小一些，以防止滚花时产生乱纹。（　　）

7．滚花前工件的表面粗糙度值越小越好。（　　）

8．在滚压过程中，应经常用毛刷接触工件与滚轮的咬合处，浇注切削液或清除切屑。（　　）

三、选择题（将正确答案的代号填入括号内）

1．用来滚压网纹的滚花刀是（　　）滚花刀。

A．单轮　　B．双轮　　C．六轮

2．滚花时的（　　）很大，所用车床的刚度应较高，工件必须装夹牢靠。

A．背向力　　B．进给力　　C．主切削力　　D．径向力

四、问答题

1. 滚花时产生乱纹的原因有哪些?

2. 根据图 5-1 所示的加工内容，判断滚花花纹种类以及可以用哪种滚花刀进行滚压加工。

图 5-1

课题二　车 成 形 面

一、填空题（将正确答案填写在横线上）

1. 有些机器零件表面在零件的轴向剖面中呈__________，如圆球手柄、橄榄手柄等，具有这些特征的表面称为__________。

2. 成形面一般不能作为工件的________表面，因此，车削带有成形面的工件时，应安排在________之后、________之前进行，也可以在______________中车削完成。

3．加工成形面的方法主要包括________________、______________________________、________________________________和专用工具法等。

4．用双手控制法车成形面需较________的技术水平，主要用于________或数量________的成形面工件的加工。

5．为保证球面的外形正确，常用的检测球面的方法有_________________________、________________________。

6．常用的成形刀有________________成形刀和________成形刀两种。

7．车削时，为了保持成形刀切削刃锋利和形状正确，减小________________，通常只在____________阶段使用成形刀，而____________时则用____________________车去大部分加工余量。

8．在车床上抛光通常采用________________和________________两种方法。

9．修光用的锉刀常用____________扁锉和____________或特细齿纹的____________。修光的锉削余量一般为________________mm。

二、判断题（正确的打"√"，错误的打"×"）

1．车成形面时，刀具装夹可略偏高一点，可选择硬质合金或高速钢车刀。（　　）

2．双手控制法车成形面主要用于单件或数量较少的成形面工件的加工。（　　）

3．用双手控制法车削时，纵向、横向进给配合不协调会使成形面轮廓不正确。（　　）

4．用锉刀修光时，应提高锉削速度，以提高修光质量。（　　）

5．用砂布抛光孔时，可将砂布撕成条状，一端插在木棒槽内，并按逆时针方向将砂布缠紧在抛光棒上。（　　）

三、选择题（将正确答案的代号填入括号内）

1．在车床上用锉刀修光时，为保证安全，最好用（　　）握锉柄，（　　）扶住锉刀前端进行锉削。

A．右手　　B．左手　　C．左手或右手皆可

2．修光时，推锉速度要缓慢，一般为（　　）次 /min 左右，并尽量利用锉刀的有效长度。

A．50　　B．40　　C．30

3．用砂布抛光小孔时，可用（　　）进行抛光。

A．抛光夹　　B．手缠砂布　　C．砂布缠紧在木棒上

四、名词解释

1．成形刀

2．双手控制法

五、问答题

1．简述双手控制法车成形面的特点。

2．什么是抛光？抛光的目的是什么？

3．如图 5-2 所示为带圆锥的单球手柄，求车圆球时球状部分的长度 L。

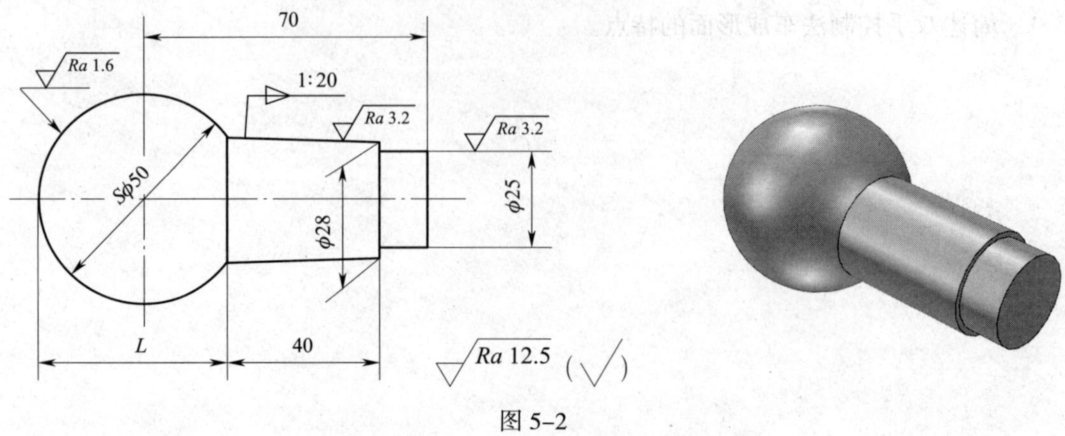

图 5-2

第六单元　三角形螺纹的车削

课题一　螺纹车削的基本知识和基本技能

一、填空题（将正确答案填写在横线上）

1. 在圆柱表面上，沿着________所形成的，具有相同剖面的连续______和______称为螺纹。

2. 沿向右上升的螺旋线形成的螺纹（顺时针旋入的螺纹）称为______螺纹，简称________；沿向左上升的螺旋线形成的螺纹（逆时针旋入的螺纹）称为______螺纹，简称________。

3. ________是指在螺纹牙型上相邻两牙侧间的夹角。

4. 一般情况下，螺纹车刀切削部分的材料有________和__________两种。

5. 刀尖角 ε_r 应等于________。车削普通螺纹时，ε_r=______；车削英制螺纹时，ε_r=______。

6. 在有进给箱的车床上车削常用螺距（或导程）的螺纹时，一般只需按照车床进给箱______上标注的数据变换________和________外的手柄位置，并配合更换交换齿轮箱内的__________就可以得到所需的螺距（或导程）。

7. 刃磨高速钢三角形外螺纹车刀时，一般左侧刃后角 α_{oL}=________，右侧刃后角 α_{oR}=__________。

8. 刃磨高速钢螺纹车刀时应选用______粒度砂轮。

二、判断题（正确的打“√”，错误的打“×”）

1. 同规格的外螺纹中径 d_2 和内螺纹中径 D_2 公称尺寸相等。（　　）

2. 当工件旋转一周时，车刀必须沿工件轴线方向移动一个螺纹的导程 $P_{工}$。（　　）

3. 公称直径是指螺纹大径的公称尺寸，是外螺纹顶径，也是内螺纹底径。（　　）

4. 高速车削螺纹时用高速钢车刀。（　　）

5. 高速钢车刀热稳定性好，适合高速车削。（　　）

6. 硬质合金螺纹车刀在车削较大螺距（P>2 mm）以及材料硬度较高的螺纹时，在车刀两侧切削刃上磨出宽度 $b_{\gamma 1}$ 为 0.2 ~ 0.4 mm 的倒棱。（　　）

7. 螺纹精车刀的背前角应取得较大才能达到理想的效果。（　　）

8. 左旋螺纹在代号末尾加注“LH”，未注明的为右旋螺纹。（　　）

9. 刃磨高速钢车刀时，对砂轮的压力应小于一般车刀，并常浸水冷却，以防因过热而

引起退火。 （ ）

三、选择题（将正确答案的代号填入括号内）

1．螺纹公称直径是代表螺纹尺寸的直径，一般是指螺纹（ ）的公称尺寸。

A．中径　　B．小径　　C．大径

2．如果螺纹车刀的背前角 $\gamma_p>0°$，其两刃夹角 $\varepsilon_r'=60°$，则车出的螺纹牙型角（ ）60°。

A．等于　　B．大于　　C．小于

3．如果螺纹车刀的背前角 $\gamma_p=0°$，则车出螺纹的牙型是（ ）。

A．直线　　B．曲线　　C．任意形状

4．如果工件材料是钢料，则螺纹车刀切削部分的材料选用（ ）较合适。

A．P10 或高速钢　　B．K30 或高速钢　　C．P10 或 M10

5．车右旋螺纹时，车刀左侧切削刃的后角比其刃磨后角（ ）。

A．大　　B．小　　C．相等

四、名词解释

1．牙型高度

2．螺距

3．导程

4．螺纹升角

五、问答题

1．细牙普通螺纹的螺纹代号与粗牙普通螺纹有什么不同？

2．简述螺纹车刀的刃磨要求。

六、应用题

1．在图 6–1 所示普通螺纹的牙型上标注出牙型角、螺距、大径、中径、小径和螺纹升角。

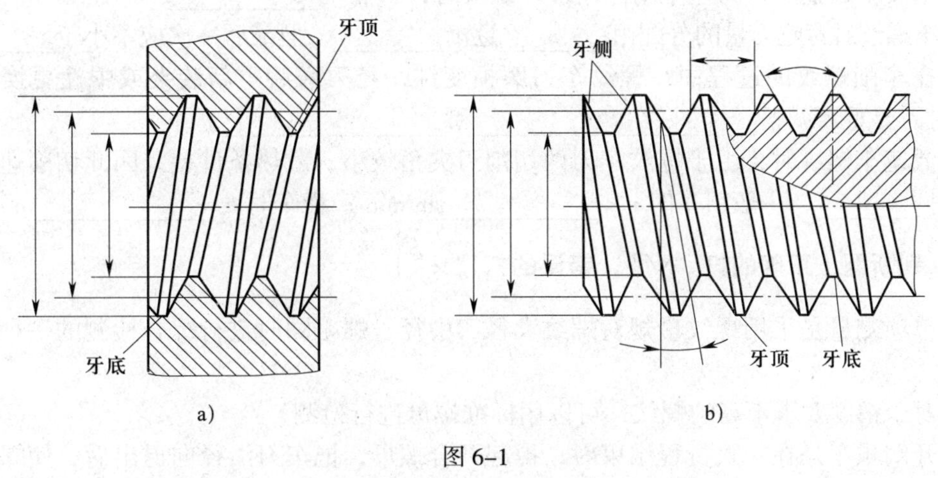

图 6–1

2．简述开倒顺车退刀的步骤。

课题二　车外三角形螺纹

一、填空题（将正确答案填写在横线上）

1．外三角形螺纹的检测方法有________________、________________。

2．单项检测是选择合适的量具检测螺纹的________________________，一般检测螺纹的________、________和________。

3．螺纹环规通规端面有字母________，厚度________，____________拧入工件螺纹有效长度范围，而止规端面有字母________，厚度________，________拧入，则说明螺纹精度符合要求。

4．车螺纹时，工件转一转，车刀必须沿工件轴线方向移动一个________。

5．车削螺纹时的进刀方式有____________、____________________、____________三种。

6．用硬质合金车刀高速车削三角形外螺纹时，只能用____________车削。

7．车螺纹时背吃刀量的分配由________逐渐________，但最后一次应不小于______mm。

8．在车削螺纹的过程中，螺纹车刀磨损变钝，经刃磨后重新装夹或中途更换螺纹车刀，这时需要重新调整____________________和________________。

9．低速车螺纹时，由于螺纹车刀两切削刃夹角较小，散热条件差，因此切削速度比车削外圆时________，一般粗车时 v_c=____________m/min；精车时 v_c=____________m/min。

二、判断题（正确的打“√”，错误的打“×”）

1．单项测量是采用螺纹量规对螺纹大径、中径、螺距同时进行综合检测的一种检验方法。（　　）

2．对于精度要求不高的螺纹，可以用标准螺母进行检测。（　　）

3．开倒顺车是在一次行程结束时，提起开合螺母，把车刀沿径向退出后，使螺纹车刀沿纵向退回，再进行第二次车削。（　　）

4．如果不使用开倒顺车的方法车螺纹，螺纹一定会产生乱牙。（　　）

5．高速车削螺纹时，为了防止切屑使牙侧起毛刺，不宜采用斜进法和左右切削法，只能用直进法车削。（　　）

6．用硬质合金车刀高速车削三角形螺纹时，可以大大提高生产效率，在企业中已被广泛采用。（　　）

7．高速车削三角形外螺纹时，受车刀挤压后会使外螺纹大径尺寸变大。因此，车削螺纹前的外圆直径应比螺纹大径大些。（　　）

8．车无退刀槽螺纹时，应保证每次收尾均在 1/2 圈左右，每次退刀位置可以不同。（　　）

9．车螺纹时，应始终保持螺纹车刀锋利，中途换刀或刃磨后重新装刀，必须重新调整螺纹车刀刀尖的高低并进行对刀。（　　）

三、选择题（将正确答案的代号填入括号内）

1. 普通螺纹的牙型角为（　　）。

A. 60°　　B. 55°　　C. 30°　　D. 33°

2. 低速车削螺距较小的螺纹或高速车削三角形螺纹时，用（　　）。

A. 左右切削法　　B. 斜进法

C. 直进法　　D. 斜进法或左右切削法

3. 高速车削螺距为 1.5 ~ 3.5 mm 的三角形外螺纹前，工件外圆直径一般可以减小（　　）mm。

A. 0.05　　B. 0.1　　C. 0.2 ~ 0.4　　D. 0.5 ~ 0.6

4. 用（　　）车削三角形外螺纹时，切削用量可取大些。

A. 左右切削法　　B. 斜进法

C. 直进法　　D. 斜进法或左右切削法

5. 用硬质合金车刀高速车削三角形螺纹时，切削速度可比低速车削螺纹提高（　　）倍，而且行程次数可以减少 2/3 以上。

A. 10 ~ 15　　B. 15 ~ 20　　C. 25 ~ 30　　D. 10 ~ 20

6. 用硬质合金车刀高速车削三角形外螺纹时，切削速度 v_c 可选择为（　　）m/min。

A. 10 ~ 15　　B. 50 ~ 100　　C. 25 ~ 30　　D. 10 ~ 20

四、名词解释

1. 乱牙

2. 综合检测

五、问答题

1. 低速车削三角形外螺纹时应如何合理选择切削用量?

2．造成乱牙的原因主要有哪几种？

3．车削三角形外螺纹前对工件的主要工艺要求有哪些？

课题三　攻螺纹和套螺纹

一、填空题（将正确答案填写在横线上）

1．板牙是一种标准的________螺纹加工工具，其两端的锥角是________________，中间有完整齿深的一段是________________，板牙的____________________都可以使用。

2．丝锥是一种________成形刀具，可以在车刀无法车削的____________孔内加工内螺纹，操作________，生产效率________。

3．丝锥主要分为________________和________________两大类。________________通常用单支攻螺纹，一次成形，效率较高。

4．丝锥上开有________条容屑槽，长度为 L_1 的锥形部分起________________作用，长度为 L_2 的锥形部分对工件牙型起________、________、________作用。

5．三支一组的丝锥分别称为________________________、______________________和____________________，它们必须________使用。

6．攻盲孔螺纹时，应选用有________________机构的攻螺纹工具，并应在丝锥或攻螺纹工具上做________________，防止丝锥攻至孔底造成丝锥折断。

二、判断题（正确的打“√”，错误的打“×”）

1．板牙是一种用于各种公称直径的多刃螺纹加工工具。（　　）

2．套螺纹工具在尾座套筒锥孔中必须装紧。（　　）

3．板牙装入套螺纹工具时，不必使板牙端面与主轴轴线垂直，套螺纹过程中板牙会自动找正。（　　）

4．丝锥可以加工用内螺纹车刀无法车削的小直径或加工困难的内螺纹。（　　）

5．攻螺纹时的切削速度越快越好。（　　）

6．在铸铁材料上攻螺纹时，可选用煤油或乳化液作为切削液。（　　）

7．攻螺纹时要一次攻至所需深度。（　　）

三、选择题（将正确答案的代号填入括号内）

1．套螺纹时，如果工件是钢件，切削液一般选用（　　）。

A．硫化切削油　　B．机油或乳化液

C．工业植物油　　D．煤油或不使用切削液

2．套螺纹前工件外圆应车削至（　　）螺纹大径。

A．等于　　B．略大于

C．略小于　　D．以上选项均正确

3．两支一组的手用丝锥主要用来攻（　　）的内螺纹。

A．M16 ~ M24　　B．M6 以下　　C．M24 以上　　D．M12 ~ M18

4．（　　）丝锥的柄部多一个环形槽，用以防止丝锥从攻螺纹工具中脱落。

A．三支一组的手用　　B．手用

C．两支一组的手用　　D．机用

四、问答题

1．简述攻螺纹的方法。

2．攻螺纹时切削液应如何选择？

3．套螺纹时切削速度和切削液应如何选用？

4．攻螺纹前工件孔径$D_{孔}$是怎样确定的？